80 SORTERS TANKEKAKOR
Förklarade fenomen i köket

Jonas Persson
Per-Olof Nilsson
Meya Lerible

Förord

Vår värld är full av överraskningar. Vi observerar saker och fenomen, men oftast tänker vi inte närmare på dom, det är något som bara sker. Det finns dock personer bland oss som undrar varför. Vi träffar alla på dom någon gång. Faktum är att vi alla en gång varit sådana personer, dom som vill undersöka, veta och prova ut saker. Alla har varit barn och barn undersöker sin omgivning och försöker förstå den. En del fortsätter att ställa frågor och undersöka världen. Dom är nyfikna. Vi kallar dessa personer forskare eller vetenskapsmän, de som egentligen aldrig vuxit upp, eller som nobelpristagaren I. I. Rabi sa: "Jag tror fysiker är mänsklighetens Peter Pan. Dom växer aldrig upp och dom behåller sin nyfikenhet."

Denna bok är ett försök att få läsaren att bli nyfiken och undersöka fenomen. Mycket av det vi observerar omkring oss i vardagen är ganska överraskande om man tittar närmare på det. Vi vill väcka nyfikenheten på det vi kallar "tankekakor", bakverk för hjärnan. Som tema har vi valt köket och ställer läsaren inför frågor som man inte alltid ställer själv. Utmaningen ligger i att själv prova och fundera innan man tittar på svaret. Släpp Dig lös och njut av vårt dukade kakfat. Smaklig spis!

Om författarna

Jonas Persson (f. 1964) är försteamanuensis vid Norges teknisk-naturvitenskapelige universitet i Trondheim - NTNU. Hans huvudsakliga karriär har varit inom atom- och kärnfysik, samt inom fysikdidaktik. Undervisning och popularisering av fysik och astronomi/astrofysik har varit ett genomgående tema under karriären.

Per-Olof Nilsson (f. 1939) är professor vid Chalmers tekniska högskola i Göteborg. Hans huvudkarriär har varit inom fasta ämnens elektronstruktur. Under de senaste decennierna har han ägnat sig åt folklig förståelse av vetenskap samt tillämpad neurovetenskap.

Meya Lerible (f.1962) är född och uppvuxen i konstens stad, Paris, så steget att utbilda sig inom konst och design var ett enkelt beslut. Som designer har han varit verksam i ett flertal länder och han brinner för att väcka det kreativa sinnet. Han har gjort teckningarna i denna bok.

1. Få ägget in i flaskan

En spännande demonstration som man kan genomföra i köket är att få ett skalat, hårdkokt ägg in i en flaska med en öppning som är något mindre än ägget. En lösning är att försiktigt släppa ner bitar av brinnande papper i den upprättstående flaskan och sedan placera ägget på öppningen. Om tajmingen är bra kommer ägget att långsamt sugas in i flaskan. Vilken är en bra tajming och varför sugs ägget in?

Svar

När ägget vilar på flaskan är totala kraften på ägget noll. Kraften kan ses som sammansatt av två delkrafter. En kraft är riktad nedåt och sammansatt av tyngdkraften och kraften från lufttrycket i rummet. Den andra lika stora kraften är riktad uppåt och sammansatt av kontaktkraften mellan ägg och flaska plus kraften från lufttrycket i flaskan. Newtons andra lag säger att för en ändring i rörelsen skall ske måste det finnas en resulterande kraft i rörelseriktningen. För att få ägget att accelerera neråt, måste den uppåtriktade kraften minskas. I detta fall minskar kraften på grund av minskat tryck i flaskan. Korrekt tajming innebär att man väntar med att sätta dit ägget tills pappret som släppts ner i flaskan har brunnit upp. Den varma luften börjar att kylas av så fort det slutat brinna. Ägget täpper till öppningen, så att trycket i flaskan minskar alltefter som avkylningen fortskrider. Den totala nedåtriktade kraften kommer till slut att bli mycket större än den totala uppåtriktade kraften, och ägget kommer att sugas in i flaskan.

2. Få ägget ut ur flaskan

En mer krävande övning är att få ut ett skalat hårdkokt ägg ur en flaska med en öppning som är mindre än ägget. Man kan givetvis använda en kniv och skära ägget i små bitar som går att få ut problemfritt. Men vi vill ha ut ägget helt. Det är faktiskt möjligt att få ut ägget på några sekunder. Hur går detta till? Tips: Samma fysikaliska principer som användes för att få in ägget i flaskan kan användas för att få ut det.

Svar

Det skalade hårdkokta ägget är i flaskan och målet är att få ut det utan skador. När den totala utåtriktade kraften, som verkar på ägget, är större än den kraft som håller ägget i flaskan, kommer ägget att accelerera ut ur flaskan. Anta att vi håller flaskan vertikalt, upp- och nedvänd. Äggets tyngd, och trycket från luften inne i flaskan ger den nedåtriktade kraften. Den uppåtriktade kraften är kontaktkraften plus kraften från lufttrycket utanför flaskan. För att få ut ägget måste man skapa en tryckskillnad så att man får ett högre tryck inne i flaskan än utanför. Håll flaskan nära din mun och lutad så att ägget ligger nära öppningen men inte blockerar den. Blås så kraftigt Du kan in i flaskan för att öka trycket i den. Minskning i lufttryck, orsakad av luften som strömmar runt ägget, plus ökningen i lufttryck i flaskan, kommer att trycka ägget genom flaskans öppning. Ibland kommer ägget ut utan problem, medan vid andra tillfällen får vi hjälpa ägget ut. Om man håller flaskan så nära lodrätt som möjligt underlättar detta eftersom tyngdkraften hjälper till.

3. Hur mycket socker?

Om man tar två deciliter socker och en deciliter vatten och slår i en kastrull kan man lösa upp allt sockret genom att röra under svag uppvärmning. Hur mycket socker är det möjligt att lösa i en deciliter vatten? Vilken är fysiken bakom fenomenet?

Svar

Man kan lösa ungefär fem deciliter socker i en deciliter vatten! Enkelt uttryckt kan man säga att sockermolekylerna kan pressa in sig in i mellanrummen mellan vattenmolekylerna så att dom egentligen inte bidrar till en större volym. Vatten bildar en typ av öppen kristallstruktur med molekylerna svagt bundna till varandra, så det finns "hål" i strukturen som kan fyllas med ett stort antal av andra molekyler. Sockermolekylerna bildar tillfälliga vätebindningar med vattenmolekylerna vilka bryts och skapas kontinuerligt. Varje deciliter vatten innehåller cirka 25 gånger fler molekyler än en deciliter socker, så det finns många fler vattenmolekyler än sockermolekyler i lösningen.

4. Knåda deg

Bröd som bakas med jäst knådas oftast, d.v.s. degen dras ut och pressas samman för att blanda ingredienserna. Efter detta sätter man degen till jäsning. Varför knådas vissa degar en andra eller tredje gång innan de gräddas?

Svar

Knådningen gör att koldioxiden, som bildas vid jäsningen, fördelas jämnare i degen och brödet får en finare textur, det vill säga innehåller färre hål. Initialt är fördelningen av jäst ojämn och koldioxiden, som bildas av jästcellerna, kommer att i motsvarande grad vara ojämn, med större hål där mer koldioxid bildas. På en molekylär nivå kommer koldioxid att diffundera genom degen, men når inte speciellt långt. Vissa bubblor kan  komma att förenas och bilda ännu större hål. Utan ytterligare knådning kommer vissa delar av brödet att ha stora eller många hål, medan andra områden kommer vara utan hål, något som vi alla sett. Ytterligare knådning ger ett bröd med en jämn fördelning av bubblor.

5. Mäta upp smör

I ett recept skall Du ha en halv deciliter smält smör. Du vill då bara smälta exakt så mycket Du behöver. Vilken är en snabb och enkel metod för att göra detta? I kokböcker hittar man ibland "en tillämpning av Arkimedes princip", vilket dock ger fel mängd.

Svar

Smör/fett flyter på vatten eftersom dess densitet är lägre än densiteten för vatten. Många kokböcker rekommenderar följande metod för att mäta upp en halv deciliter smör: Häll upp en halv deciliter vatten i ett mått, tillsätt smör/fett tills vattnet når till markeringen för en deciliter. Här refereras ofta till Arkimedes princip. Arkimedes princip säger att en kropp som sänks ned i en vätska påverkas av en lyftkraft som är lika stor som den undanträngda volymens tyngd. Men den rekommenderade principen använder inte Arkimedes princip! Därför blir den uppmätta mängden smör/fett inte exakt en halv deciliter. Om man använder is istället för smör/fett stämmer dock principen. Kontrollera detta genom att låta isen smälta. Vattennivån ändras inte. Men densiteten för smör/fett är inte densamma som för is, inte heller är densiteten för smält smör/fett densamma som för vatten. Detta innebär att volymen under vattenytan är olika. Om man tvingar ner smöret/fettet under vattenytan så stämmer mätningen, men då mäter man volymen för smöret/fettet och använder inte Arkimedes princip.

6. Mjölk och grädde

Du får två identiska flaskor, en med mjölk och en med grädde, båda helt fyllda. Vilken är tyngst?

Svar.

Mjölk är tyngre än grädde, d.v.s. har högre densitet. Grädde flyter i en grädde-mjölkblandning, d.v.s. grädde har en lägre densitet. Ofta blandar man ihop densitet och viskositet, som är tröghet för att rinna. Dessa egenskaper är dock inte alls relaterade till varandra. Många tror att grädde har högre densitet, men har man sett oseparerad mjölk vet man att grädden flyter ovanpå mjölken. Detta utnyttjades före uppfinningen av separatorn genom att skumma av grädden på ytan. Att separera material med olika densitet har använts i tusentals år. Guld har separerats från andra metaller genom att man dumpat malm i smält bly. Densiteten för bly är 11.36 kg/liter, guld har 19.32 kg/liter, d.v.s. guld sjunker och medan andra metaller flyter upp.

7. Potatis och sugrör

Det är möjligt att snabbt trycka ett sugrör genom en rå potatis. Vilken fysik ligger bakom? Om Du vill pröva detta så var försiktig!

Svar

Om man tar ett sugrör i ena handen och försöker trycka det genom en rå potatis, blir resultatet att sugröret böjs. Det beror på att sugröret inte klarar att tryckas ihop utan böjs istället. Det är denna tendens till att böjas som måste förhindras för att det skall vara möjligt att trycka ett sugrör genom en rå potatis. Här kan vi använda lufttrycket för att göra sugröret mer styvt. Tryck ihop sugröret hårt med två fingrar i den ände som är längst från potatisen. Håll potatisen så att din hand inte hamnar i vägen för sugröret. Med en kraftig stöt slå sugröret genom potatisen. Sugröret går rakt igenom. Genom att luften i sugröret inte kan komma ut så stabiliseras sugröret och kan inte böjas utan går genom potatisen utan problem.

8. Muffins

När man skall baka muffins med bär i är det svårt att få bären att fördela sig jämt efter gräddningen, även om bären är fördelade jämt i smeten innan man sätter in den i ugnen. Hur skall man bära sig åt för att undvika att bären rör sig nedåt under gräddningen?

Svar

Att bären samlas i botten beror på gravitationen. För att undvika detta måste man öka friktionen mellan smeten och ytan på bären, så att rörelsen neråt bromsas upp. Man skulle kunna göra smeten tjockare, men detta gör att muffinsen inte får den konsistens som man önskar. Istället kan man se till att ytan på bären får en högre statisk friktion. Detta kan man åstadkomma genom att fukta bären och sedan skaka dom i mjöl innan man blandar dom i smeten.

Fysiken som är inblandad är Newtons andra lag: kraft = massa x acceleration. Den nedåtriktade gravitationskraften måste balanseras av en uppåtriktad friktionskraft. I detta fall kommer den maximala friktionskraften att vara större än gravitationskraften och bären kommer att stanna kvar. Utan mjöl kommer friktionskraften vara mindre och bären kommer att sjunka.

9. Burksoppa

När man köper soppa på burk brukar man spara den innan man öppnar burken. När man öppnar en burk som stått upprätt händer det ofta att de fasta ingredienserna ligger på botten och måste skrapas upp med sked. Om man istället öppnar burken i botten och vänder burken så strömmar allt innehåll ut. Varför?

Svar

Vänd burken upp och ner, öppna botten, vänd burken igen och se hur dom fasta ingredienserna trycks ut av tyngden hos vätskan. Det är den extra tyngden som ger en total nedåtriktad kraft och gör att allt faller ur, något som inte är fallet om burken öppnas rättvänd. Det kan dock finnas en fördröjning i processen då ingen luft kommer in i burken, d.v.s. undertrycket kommer att ge upphov till en uppåtriktad kraft. Dessutom kan ingredienserna ha en mer komplicerad växelverkan med väggen, så att tömningen tar längre tid än väntat.

10. Socker och salt

Salt har använts i tusentals år för att konservera kött. Socker har använts för att konservera frukt och bär. Hur fungerar dessa konserveringsmetoder egentligen?

Svar

Salt och socker verkar uttorkande på bakterier genom osmos, som gör att bakterierna dör eller går i dvala. En bakterie i mycket salt vatten har en högre koncentration av salt utanför än i cellen. Detta gör att vattenmolekylerna rör sig ut ur cellen för att få samma koncentration inne i som utanför cellen. Socker fungerar på samma sätt för att bevara frukt och bär.

11. Tiningskärl

I kataloger och i köksutrustningsbutiker kan man hitta "mirakelkärl" som snabbar på upptining. Dessa är tillverkade av en "avancerad högteknologisk supraledande legering" som "tar värme direkt från luften". Hur fungerar ett sådant kärl egentligen?

Svar

"Mirakelkärlet" som ger en snabbare upptining består av aluminium. Man skulle lika gärna kunna använda en tjock aluminiumpanna eller annat kärl gjort av aluminium eller koppar för att få en lika snabb upptining, under förutsättning att metallen inte är belagd. "Nonstick"-beläggning som finns i många stekpannor och andra kärl är generellt en dålig värmeledare. Metaller är de bästa värmeledarna och kan överföra termisk energi mer effektivt.

12. Snabbglass

Dom flesta av oss har säkert sett hur man kan göra sin egen glass genom att under omröring sakta kyla en blandning av mjölk, ägg, socker och smaktillsats. Man kan snabba på det hela genom att, efter att vidtagit nödvändiga säkerhetsåtgärder, hälla flytande kväve direkt i ett metallkärl med ingredienserna. Ungefär lika stor volym av kväve och ingredienser blandas under ständig omrörning tills rätt konsistens erhållits. Varför ger denna metod en mycket god glass och vad är fysiken bakom?

Svar

En egenskap hos glass som uppskattas mycket är att den är mjuk eller luftig, d.v.s. att den innehåller luftbubblor och att iskristallerna är små. Det finns ett antal glassmaskiner där man med muskelkraft eller elektricitet rör i glassmeten under nedkylningen för att hålla iskristallernas storlek nere och dessutom blandar in luft i glassen. Men med ungefär lika stor volym flytande kväve, som har en temperatur av minus 196°C, som glassmet, sker nedkylningen så snabbt att bara små iskristaller kommer att bildas. Dessutom kommer kvävet att koka våldsamt vilket gör att små luft(kväve)-bubblor kommer att bildas. Slutresultatet blir en alldeles utmärkt glass.

13. Ugnsstek

Det finns i butiken köttstycken med, respektive utan ben. Anta att vi har två köttstycken med samma vikt, en med och en utan ben, och steker dom i ugn vid samma temperatur. Vilken blir färdig först?

Svar

Köttstycket med ben kommer att bli färdigt först. Detta beror på att benet, trots att det är poröst, leder termisk energi snabbare än köttet. Köttet med ben kommer att tillagas från två riktningar. Det kommer att finnas en mindre effekt på grund av skillnaden i värme-kapaciteten mellan kött och ben, och det kommer att finnas lite mindre kött om köttstyckena väger lika mycket, men i det förenklade ideala fallet kan vi ignorera detta.

Man kan skapa datormodeller genom att använda relevanta fysikaliska lagar och bestämma temperaturfördelningen i köttstyckena och visa att vissa delar hettas upp snabbare än andra. Fysikböcker som behandlar värmeledningsförmåga och värmekapacitet innehåller all information som man behöver för att analysera problemet. Att få fram temperaturen som funktion av tid är dock svårt utan vissa förenklingar.

14. Mat på kinesiska

En sak man observerar hos kinesisk mat är att kött och grönsaker är skurna i små bitar. Givetvis är dessa lättare att äta med pinnar, men finns det en fysikalisk anledning till att skära kött i små bitar vid tillagningen?

Svar

Det finns minst två skäl till att skära kött i små bitar: 1) Kryddor och marinader tränger in i köttet på kortare tid då avståndet till ytan är kortare. 2) Mindre bitar tillagas snabbare och det går åt mindre bränsle. Att tillagningstiden minskar beror på att avståndet från mitten av köttbiten till värmekällan är mindre än i en större bit och att köttet rörs om medan den steks, vilket exponerar olika små ytor för höga temperaturer. Temperaturen som köttet utsätts för minskar med avståndet, i det här fallet till botten av pannan. Tillagningen för en volym i köttbitens inre är proportionell med temperaturen och tillagningstiden. Båda dessa ändras under tillagningen. Dessutom ändras värmeledningsförmågan och värmekapaciteten hos köttet då materialet ändras vid tillagningen. Till exempel kommer värmeledningsförmågan att reduceras kraftigt om ytan blir bränd. Detta gör att hamburgare som måste vara genomstekta för att döda bakterierna i det malda köttet, inte får brännas vid. Då är nämligen risken för att köttet inte ska bli genomstekt stor, och därmed farligt att äta. Fysiken finns i gymnasieböcker, men tillämpningen har funnits i tusentals år, uppfunnen av kockar som sökte ett bra resultat med minimal åtgång av bränsle.

15. Isvatten

För att kyla vatten kan man tillsätta is. Men isen flyter vid ytan. Anta att man kunde tillsätta samma mängd is men så att isen hålls på botten av behållaren. Vilken metod kyler vattnet snabbast?

Svar

Man får den snabbaste nedkylningen med isen på toppen. Då is smälter, kommer det kalla vattnet som bildas att sjunka eftersom densiteten är mindre. Undertill kommer mer vatten att kylas av. Det varmare vattnet kommer att stiga mot isen som kyler ner det. Detta gör att man får en rörelse i kärlet där kallt vatten sjunker och varmt stiger. Denna blandning gör att avkylningen går snabbare. I fallet med is på botten sker inte denna blandning, utan det kalla vattnet stannar vid botten och det varma stannar vid toppen. Vattnets värmeledningsförmåga gör dock att allt vatten till slut kommer att bli kallt, men blandningen gör att

det går fortare. Man kan givetvis röra om i vattnet för att öka blandningen. Diskussionen ovan är förenklad då vi har ignorerat den termiska växelverkan mellan isen och omgivande luft. Detta kan vara viktigt, speciellt en varm dag. Isen växelverkar dock normalt mest med vattnet, inte luften. Är temperaturen tillräckligt hög kan dock de olika växelverkningarna att bli jämförbara.

Man kan observera att det är samma fenomen som sker när en damm fryser om vintern. Här kommer dock vattnet att hindras från att kylas av ytterligare, eller frysa, innan allt vatten först nått 4°C. Vatten har nämligen sin största densitet vid 4°C. Denna fördröjning, innan dammen fryser helt, gör att vattendjuren överlever om våren kommer i tid.

16. Skala grönsaker

Vissa grönsaker vill man helst skala av olika skäl. Ett sätt att skala en mogen tomat är att hålla den över en låga och rotera den, tills skalet går att ta bort enkelt. Att skala rödbetor är något som är ganska söligt arbete, när juicen färgar mycket inklusive fingrarna. Det är enklare att först koka rödbetorna och sedan kyla av dom i kallt vatten och därefter ta bort skalet. Vad är det för fysik som ligger bakom denna metod?

Svar

När man håller en tomat över en flamma och den roterar sakta, kommer en förångning av vatten, just under skinnet, att göra att skinnet spricker lokalt. Det är då enkelt att ta bort resten av skinnet när tomaten svalnat, oftast räcker det att bara dra av skinnet. Man kan även använda kokande vatten men effekten är inte lika dramatisk och det är lite svårare att skala. Kokning av rödbetorna ökar temperaturen och gör att små mängder av vatten tränger in och får dom att svälla lite. Kallt vatten på utsidan av de varma rödbetorna gör att skalet krymper samtidigt som insidan är varm och svullen. Detta gör att det spända skalet spricker på olika ställen och det är lätt att ta bort det. Proceduren är den motsatta till att placera en isbit i varmt vatten. Utsidan försöker att expandera medan insidan är kall. Man kan höra när den termiska stressen spräcker isbiten.

17. Sockerbit

Socker brinner i luft, men att tända eld på en sockerbit är svårare än man tror. Fäst en sockerbit på en tandpetare och håll den över en flamma. Sockret smälter och bildar brun karamell. Men vi ville tända eld på sockerbiten, inte smälta den. Hur skall vi få biten att brinna med egen flamma? Varför är det så svårt att lyckas med detta och hur kan man göra?

Svar

Små partiklar har lättare att antändas, vilket beror på den stora ytan i förhållande till volymen. Det finns en stor yta där en kemisk reaktion mellan ytans molekyler och luftens syre kan ske samtidigt som man får en källa till värme som håller igång förbränningen. Därför kan man gnida in sockerbiten med lite aska och försöka tända på den. Den går nu mycket enklare att antända. Syre reagerar med molekylerna i askan som ger termisk energi och kan upprätthålla en förbränning.

Historiskt har vi många exempel på spontan antändning av dammpartiklar i luft, exempelvis i spannmålssilos och i kvarnar. En tillfällig värmekälla, en tändsticka, en gnista från friktion eller solljus kan snabbt spridas och bli en fullskalig explosion. På ett mindre våldsamt sätt kan man använda detta när man tänder ett bål ute. Man startar med små stickor och spån av trä, som har en stor yta-till-volym-förhållande. Efter det använder man lite större stickor när det brinner bra för att avsluta med större vedträn för att få ett bål som varar länge.

18. Kokande vatten

Koka upp vatten i en öppen kastrull. Tillsätt lite koksalt i det klara kokande vattnet och kokningen upphör. Är det inte förvånande att vattnet slutar koka när saltet värms upp? Kan Du förklara fysiken bakom detta fenomen? Vilken är överraskningen här?

Svar

Den effekt som man ser handlar om att kokpunkten för vatten ändras från 100°C till cirka 104°C när man tillsätter koksalt (om det är rent NaCl), en signifikant ändring som gör att det dröjer tills det börjar koka igen. Den termiska energin som krävs för att värma upp saltet är försumbar, då värmekapaciteten för salt är mindre än vatten och mängden vatten så mycket större. Själva kokprocessen är dock mer komplicerad än beskrivet ovan. En fullständig analys ger dock samma resultat.

Kommer man att få samma resultat om man använder havssalt, som är en blandning av NaCl, KCl och organiskt material i större saltkorn än vanligt bordssalt? Den långsamma upplösningen av saltkornen kan ytterligare fördröja uppkokningen jämfört med bordssalt.

19. Mer kokande vatten

Koka vatten i en kaffepanna med pip. Titta noga på pipens öppning. Vad är det Du ser? Kan Du se vattenångan strömma ut ur pipen?

Svar

Nej, Du kan inte se vattenångan, d.v.s. vattenmolekyler i gasfas. Om Du tittar noga på pipen ser Du en genomskinlig region cirka 2-3 cm lång. Det är här vattenångan finns innan den kondenseras till den dimma (vattendroppar) Du ser. Temperaturen i den genomskinliga regionen är för hög för att droppar skall kunna bildas. Kollisionerna mellan vattenmolekylerna är för våldsamma för att de skall kunna bindas samman och bilda droppar. Vattenmolekylerna rör sig så fort att den attraktiva van der Waals-kraften inte kan binda samman dom vid en kollision. När vattenånga kyls av, blir kollisionerna mindre energirika och då kommer vattenmolekyler att bindas samman av van der Waals-kraften och större droppar kan bildas: vi ser en dimma.

20. Is i mikrovågsugn

En mikrovågsugn fungerar genom att de mikrovågor som ugnen alstrar absorberas av vatten-molekylerna i maten. Mikrovågorna gör att dom polära vattenmolekylerna börjar rotera och den inre "friktionen" i maten överför en del av den kinetiska energin till värmeenergi med påföljande ökning i temperaturen. Anta att Du har ett block av is där flytande vatten finns i en kavitet i blocket. Om Du placerar blocket i mikrovågsugnen är det möjligt att få vattnet i kaviteten att koka medan isen fortfarande är is?

Svar

Ja! Vattenmolekylerna i vätskefasen kommer att rotera genom påverkan av mikrovågorna och överför sin energi till omgivande molekyler. Vattenmolekyler i is är låsta i kristaller och kan inte fås att rotera. Genom att använda mikrovågor är det möjligt att koka vatten inuti ett isblock.

Att koka vatten inuti ett isblock är ett exempel på selektiv energiabsorption. Det finns ett otal exempel på detta fenomen i naturen. Ett exempel är gröna växter där klorofyll A- och B- molekyler absorberar blått och grönt ljus genom fotosyntes. På mikroskalan har vi atomkärnor som bara absorberar gammastrålning med vissa energier. I vardagen vet vi att ett rum kan absorbera eller förstärka ljudenergin vid vissa resonansfrekvenser. Andra material uppvisar motsatta egenskaper, som t.ex. fönsterglas, som inte har någon selektiv absorption i synligt ljus.

Den selektiva absorptionen av mikrovågor i vattenmolekylerna är dock lite annorlunda. Vid vatten-molekylernas resonansfrekvens absorberas all energi i det yttersta lagret utan att speciellt mycket energi överförs till det inre. Detta gör att mikrovågsugnar inte opererar vid den frekvens där absorptionen är som störst utan vid en lägre frekvens. Maten behöver hettas upp över hela volymen. Genom att minska frekvensen lite så kommer mikrovågorna att kunna tränga in djupare och därvid värma upp hela volymen.

21. Lysande gurka

För den prylgalne är det möjligt att hitta en elektrisk korvgrill, där en korv placeras mellan två elektroder och grillas genom att en elektrisk ström går genom korven. Om man istället placerar en saltgurka mellan elektroderna, kan man när man sätter på strömmen se hur gurkan glöder, speciellt i ena änden. Vad är fysiken bakom detta fenomen och hur ser glöden ut egentligen?

Svar

Även om vi använder växelström, kommer gurkan att glöda med ett gulaktigt sken i en ände. Det har visat sig omöjligt att förutse vilken ände som kommer att glöda. Det finns ingen symmetri i form eller kemisk komposition, så att gurkan glöder i båda ändarna är mycket sällsynt. Slutsatsen är att gurkan fungerar som en diod och släpper igenom ström endast i en riktning. Ljuset som sänds ut har visat sig komma från natrium med våglängderna 589.00 och 589.59 nanometer. Detta är inte förvånande då vanligt bordssalt (NaCl) används vid inläggning av gurkor. Strömmen genom gurkan hettar upp den. På samma sätt som när man för in bordssalt i en flamma så kommer natriumatomerna att exciteras av värmen till ett högre energitillstånd, varifrån de sänder ut ljus när de faller tillbaka till grundtillståndet.

22. Modern matlagning

Mikrovågsugnar är troligen den första nya metoden för att hetta upp mat sedan mer än en miljon år sedan. Nu har det dessutom kommit två nya metoder som är tillgängliga i köket. Induktionshällar finns sedan drygt 15 år sedan. Den riktigt moderne kocken använder dock en "ljusugn". Men hur fungerar dessa metoder egentligen?

Svar

I motsats till vanliga spisar, där värme genereras genom elektrisk resistans i spisplattorna, genererar en induktionshäll värme direkt i kokkärlen genom magnetisk resistans i kokkärlens metall. Växelströmmen i induktionsspolen under den keramiska hällen skapar ett magnetiskt fält som växelverkar med ex. järnatomerna i kokkärlet så att dom ändrar sin magnetisering 100 gånger per sekund. Denna ändring i magnetisering känner av ett motstånd, så mycket av energin övergår i termisk energi i kokkärlet. Järn och rostfria kokkärl fungerar men inte aluminium, koppar, glas och keramik. Fördelarna är att hällen inte blir varm utan bara något där kokkärlet är i kontakt med den.

Att använda ljus för matlagning görs inte med lasrar. Ljus i detta fall omfattar mer än det synliga området och inkluderar även infrarött (IR) och ultraviolett (UV). En uppsättning av halogenlampor (1500 W) i ugnsväggarna ger ifrån sig 70% IR, 10% synligt ljus och 20% värme. IR är inte termisk energi men när IR absorberas av molekyler i maten ökar temperaturen. Vid dessa frekvenser tränger IR bara några cm in i maten. Värmen överförs till det inre genom värmeledning. Oftast har dessa ljusugnar även en mikrovågskälla som värmer upp det inre. Utsidan värms alltså av IR och får en stekyta, samtidigt som det inre tillagas av mikrovågor. Detta gör att tillagningen går fortare än i vanliga ugnar.

23. Tevatten

När man tillagar te med vatten som värmts i mikrovågsugn smakar det inte lika bra som med vatten som kokats upp i kastrull eller vattenkokare. Varför?

Svar

Huvudskälet till detta är att mikrovågorna bara värmer de yttersta centimetrarna av vattnet i koppen. Vågorna kan inte tränga in djupare. Vattnet i mitten av koppen värms upp långsammare genom kontakt med de yttre områdena. Så när de yttre delarna har nått kokpunkten och börjar bubbla, luras man att tro att allt vatten i koppen är varmt. Men medeltemperaturen är mycket lägre, vilket gör att teet inte får sin optimala smak.

24. Högljudd kokning

När man kokar upp vatten så börjar man snart höra ett ljud, vattnet sjunger. Ljudnivån ökar tills den helt försvinner när vattnet börjar koka. Men vad är det som gör att vattnet sjunger?

Svar

Det är det understa lagret av vatten i kontakt med kastrullbotten, som värms upp först. När temperaturen stiger kommer bubblor av vattenånga att bildas på botten. Då dessa är lättare än vatten kommer de att stiga och komma i kontakt med kallare vatten, vilket gör att de krymper och kollapsar. Det är dessa kollapser av mängder av bubblor som ger upphov till ljudet. Ljudvolymen kommer att öka då mer och mer bubblor bildas och kollapsar. Till slut kommer dock hela volymen att ha värmts upp till kokpunkten och ingen kollaps av bubblorna kommer att inträffa, då de inte kommer att träffa på kallare lager av vatten. När vattenkokaren tystnar kokar allt vatten.

25. Sked i tekopp

När man häller upp hett te i en fin porslinskopp brukar många lägga i en metall-sked först. Varför? Vilken kopp är säkrast, en tjockväggig eller en tunnväggig?

Svar

Man lägger i en sked därför att metall är en bra värmeledare och leder bort värme från tekoppsväggen. När man häller upp varmt te kommer insidan av koppen att värmas upp och gradvis kommer hela väggen att värmas upp.
Denna ojämna uppvärmning kan leda till en ojämn expansion och koppen kan spricka. Tjocka väggar har därför en tendens att spricka lättare.

26. Tekanna

I locket till tekannor finns det vanligtvis ett litet hål. Vad fyller det för funktion?

Svar

När man hällt i te i en kanna och lagt på locket kommer vattenångan att kylas av och kondensera. Detta skapar ett undertryck som kan göra det besvärligt att öppna kannan. Hålet i locket fungerar som en ventil där luft kan passera igenom och ett undertryck kan inte uppstå.

27. Te med mjölk

När man skall dricka te med mjölk, ställs man inför en svår fråga. Skall man först hälla upp mjölken och sedan téet eller skall man först hälla upp téet och sedan mjölken? Är det någon skillnad mellan dessa alternativ?

Svar

Smaken kommer faktiskt att skilja sig. Detta beror på att det sker olika kemiska reaktioner. Häller man i mjölk i varmt te kommer kaseinet (proteinet) i mjölken att denatureras (förändras), vilket gör att man får en smak av kokt mjölk. Häller man i te i mjölk kommer inte temperaturen att bli så hög att kaseinet denatureras. Men det är också så att temperaturen är viktig när man dricker teet. Det visar sig att teet blir varmare om man häller i mjölken sist. Men det är givetvis en smaksak.

28. Iskuber

När man fryser iskuber finner man oftast att iskuberna är klara vid ytorna men ogenomskinliga i mitten. Varför blir det så?

Svar

Ren is är optiskt transparent genom att molekylerna i iskristallerna är regelbundet placerade. Att det inre av en iskub inte är transparent beror på att det finns oregelbundenheter där i form av små luftbubblor, som ligger mellan iskristaller. Dessa uppstår genom att lösligheten för gas i vatten minskar med temperaturen. Genom att sidorna frusit först kan inte luften komma ut utan kommer att vara kvar i mitten av iskuben. Om man vill ha transparenta iskuber så får man försöka bli av med den lösta luften i vattnet. Detta kan man ordna genom att först koka upp vattnet, vilket gör att luften som lösts i vattnet försvinner.

29. Risk att frysa fast?

När man tar ut en form för iskuber från frysen, märker man att fingrarna kan frysa fast. Varför sker detta?

Svar

Det finns alltid lite fuktighet på fingrarna. När man tar på den kalla formen kommer fuktigheten att frysa till is och fingrarna fastnar. Kroppsvärmen kommer till slut genom värmeledning att tina upp isen, men väntan på detta kan vara ganska smärtsam. Det samma händer om man slickar på metall, vilket man alltså bör undvika.

30. Kokande olja

Kokkärl i Italien är ofta tillverkade av förtennad koppar. Men kokpunkten för olivolja är högre än smältpunkten för tenn. Hur är det då möjligt att steka mat i olivolja i ett sådant kärl?

Svar

Det som sker när man steker i olja är inte att oljan kokar. Det är vattnet i matvarorna som kokar. Temperaturen är således inte så hög att oljan kokar eller att tenn smälter.

31. Mjölk kokar när man vänder ryggen till!

Mjölk har den egenskapen att den kokar upp hastigt med följd att den kan koka över. Man kan undvika att mjölken kokar över genom att röra i den hela tiden. Vad är det som gör att mjölk beter sig på detta sätt?

Svar

Mjölk består till största delen av vatten, fett, proteiner, laktos och mineraler. Fettet har en lägre densitet än vattnet och kommer vid uppvärmningen röra sig upp mot ytan. När temperaturen når fettets smältpunkt (ca 50°C) kommer fettet att lägga sig som en hinna på ytan. Ångbubblor som bildas kan inte tränga igenom hinnan utan samlas undertill. Till slut kommer så mycket ånga att ha ansamlats att hinnan lyfts upp hastigt och det kokar över.

32. Choklad

När man häller ut tjock, smält choklad ser man att den ringlar sig. Vad är det som gör detta?

Svar

Här kommer den höga viskositeten och sammanhängningsförmågan att ge lösningen. Sammanhängningsförmågan gör att det går att hälla ut chokladen utan att strålen bryts upp i droppar. Den höga viskositeten gör att chokladen inte kan spridas ut. Detta gör att chokladen tenderar att bibehålla sin form en stund efter att den landat. Lager på lager kommer att lägga sig på varandra. När ett nytt lager börjar att lägga sig kommer det att kunna glida ut på det underliggande lagret. När vi häller ut honung kommer gravitationen att övervinna ytspänningen och ytan expanderar. När vi skär av med en kniv reduceras tyngden som drar ned honungen och ytspänningen blir starkare än gravitationen och honungen drar sig tillbaka.

33. Honung

När man försiktigt häller ut honung ur en burk, är det möjligt att med en kniv skära av honungen så att det som befinner sig ovanför kniven drar sig tillbaka till burken. Det är viktigt att man häller försiktigt så att det bara bildas en tunn stråle. Vad är det som gör att honungen verkar att besegra tyngdkraften?

Svar

Närliggande molekyler i en vätska attraherar varandra. Inne i vätskan är en molekyl omgiven av andra molekyler och dras lika mycket i alla riktningar. Vid ytan är dock situationen annorlunda. Där kommer molekylerna att enbart känna av en kraft som drar dom in i vätskan. Detta gör att molekylerna vid ytan har en annan potentiell energi. Denna manifesterar sig som en ytspänning, där vi har en lagrad energi per ytenhet. Då naturen tenderar att minimera potentiell energi kommer en yta om möjligt att minimera sin area. Detta gör att ytan beter sig som ett elastiskt membran, ett "skinn".

34. Eggande ägg

Det finns ett antal sätt att ta reda på om ett ägg är rått eller hårdkokt utan att knäcka det. Vilka är dom sätten och hur fungerar dom?

Svar

Ett sätt är att snurra ägget på ett bord. Ett rått ägg snurrar långsamt medan ett hårdkokt snurrar snabbt. Om Du snurrar ett hårdkokt ägg snabbt nog så kan det ställa sig på högkant. Om Du har ett snurrande rått ägg och stoppar rotationen med en snabb beröring kommer ägget att börja snurra igen. Gör Du samma sak med ett hårdkokt ägg stannar rotationen. Skillnaden mellan äggen är att ett är fullt med vätska och ett är fast. Den rotation som man får i vätskan stoppas inte upp av beröringen som bara stoppar skalets rotation. Så det inre roterar fortfarande och sätter skalet i rotation igen när Du släpper ägget. Samma effekt syns när man startar rotationen hos äggen, det tar mer tid att få rotation på det råa ägget.

35. Klättrande vatten

Om Du snurrar ett hårdkokt ägg kan det ställa sig upp. Om Du snurrar ägget i grunt vatten (några millimeter) kommer vatten att klättra upp längs äggets sida innan det kastas av. Varför sker detta?

Svar

När Du rör i vatten, exempelvis i en kopp te, kommer vattnet på grund av centrifugalkraften att röra sig utåt, och lämna en liten fördjupning i centrum på ytan. När ägget roterar kommer vattnet att röra sig utåt på samma sätt, men kommer dessutom att häfta vid ägget. Genom att klättra uppför ägget, kan vattnet hålla sig fast samtidigt som det rör sig utåt. Vid en viss punkt kommer äggets kurvatur, gravitationen och rotationen att medföra att vattnet släpper från äggets yta och att flyga ut som droppar som landar i en cirkel runt ägget.

36. Strömmande vatten i en diskho

När man låter vatten rinna i en jämn stråle ner i en diskho med avloppet öppet, kommer en cirkel att uppstå runt punkten där vattnet träffar, med djupare vatten utanför cirkeln. Varför uppstår cirkeln?

Svar

När vattnet träffar botten på diskhon, sprids det snabbt ut i en hastighet som kallas superkritiskt, därför att vattnet rör sig snabbare än vågorna kan röra sig i vattnet. Först är flödet stabilt då störningar snabbt elimineras. Men då vattnet sprids ut kommer vattnets viskositet att bli viktig och flödet blir instabilt. Man kan se det som om man har ett visköst flöde längs diskhons yta som sprider sig uppåt i vattnet. Vid en viss radie från träffpunkten kommer det viskösa flödet att nå ytan och vattendjupet ökar drastiskt, en effekt som kallas "hydrauliskt hopp". Bortom denna radie kommer vattnet att röra sig långsammare (underkritiskt), d.v.s. det hydrauliska hoppet är övergången från snabbare, grundare flöde till långsamt, djupare flöde.

Hydrauliska hopp kan inträffa i många olika fall, till exempel när vatten flödar över en asfalterad gata, en bevattningskanal eller en bäck. Titta efter stationära vågor i flödet, speciellt där det finns något hinder. Vågorna skapas när vattnet passerar över eller bredvid hindret. De flesta vågorna förlorar sin energi och försvinner, men en våg med en bestämd våglängd rör sig motströms lika fort som vattnet flödar ner, så vågen blir stationär. Den kontinuerliga störningen tillför energi till vågen vilket gör att den inte försvinner. Du kan se flera stationära vågtoppar och dalar istället för en vägg som i diskhon. Hydrauliska hopp kan vara farliga om de uppstår i snabbt strömmande vattendrag, då kanoter kan fastna i dom och vältas av turbulensen. Detta är möjligt att visa i diskhon, genom att försiktigt placera en vattendroppe just innan det hydrauliska hoppet, den kan fångas mot väggen och stanna där under lång tid utan att förenas med vattnet i flödet. Detta beror på att luft dras in under droppen av det flödande vattnet.

37. Frukostflingor med attraktion

Ovala frukostflingor av märket "Cheerios" har den egenskapen att om två stycken kommer nära varandra i en skål med mjölk så kommer dom att attraheras till varandra och klumpas ihop. Varför gör dom det?

Om man har ett större antal av dom i en skål så kommer dom att klumpa ihop sig och en del kommer att samlas vid skålens vägg, varför? Dessa effekter kallas kollektivt för Cheerioeffekten.

Svar

Vätskeytan vid ovalerna kommer på grund av ytspänningen att vara krökt uppåt. Med andra ord så kommer attraktionen mellan mjölken och ovalen att vara så stor att mjölken dras upp mot ovalen. Kommer två ovaler nära varandra så blir ytan extra krökt vilket ger upphov till en kraft som drar ihop dom. Attraktionen kan beskrivas i termer av energi. En krökt yta kräver mer energi. För att minimera energin krävs en flat yta, så ovalerna attraheras för att räta ut ytan.

Vätskeytan vid skålens vägg är även den krökt uppåt, vilket gör att även där kommer vi att få en kraftig krökning som gör att ovalen dras mot väggen. Om vi däremot fyller skålen så att den är så full att mjölken nästan rinner över, kommer ytan vid kanten att vara krökt nedåt vid kanten och ovalerna kommer att stötas bort från kanten.

38. Borstar, vått hår och doppade kakor

Det finns ett antal fenomen som inte ser ut att höra samman, men som gör det ändå. Varför tar borstar upp färg, varför tar hushållspapper och diskdukar upp vatten och varför klumpar långt vått hår ihop sig? Många doppar kakor och kex i varmt te eller kaffe, för att värmen frigör smaker och lukter. Men en doppad kaka eller kex mjuknar och faller sönder om de doppas för länge. Varför sker detta och hur skall man doppa för att bibehålla en fast struktur så att kakan eller kexet kan ätas istället för att drickas?

Svar

Håren i en borste attraherar molekylerna i färgen och färgen dras upp i mellanrummet mellan håren. Då detta liknar den effekt som sker när vätska sugs upp i ett smalt rör (kapillär) talar man om kapillärkraft. När man tar upp borsten stannar färgen kvar mellan håren p.g.a. denna kraft. När man sedan applicerar borsten mot en yta skrapas en del av färgen av, men det mesta rinner av genom att håren separeras. Detta minskar kapillärkraften och färgen kan rinna av.

Hushållspapper och diskdukar har många porer som kan suga upp vatten genom kapillärkraften. Håret hålls samman av vatten som bildar bryggor mellan hårstråna.

I princip består en kaka eller kex av torra stärkelsekorn som hålls samman av en struktur av socker. När en kaka doppas i en vätska kommer vätskan att snabbt sugas upp i porerna genom kapillärkraften. Den varma vätskan smälter sockret och förstör strukturen som håller stärkelsekornen samman, vilket gör att kakan faller sönder. För att undvika att kakan skall falla sönder bör Du inte doppa ner den vertikalt utan men en vinkel och att inte låta den vara för länge i vätskan.

39. Friterade potatisar

När man friterar potatis så eftersträvar man en spröd smakfull yta medan det inre är mjukt. Varför tar potatisen upp fett och varför tas mest fett upp efter att den avlägsnats från fritösen?

Svar

När man lägger potatisen i oljan, överförs värmeenergi från oljan till potatisen så att temperaturen på ytan stiger. När temperaturen närmar sig vattnets kokpunkt kommer vattnet i porerna att börja förångas. Bubblor av vattenånga bildas vid porernas öppningar, vilket både kan ses och höras. När vatten försvinner från ytan hårdnar den till den skorpa som vi förknippar med friterad potatis.

Under den fortsatta uppvärmningen kommer det inre att tillagas. Men då det kommer att finnas vatten som är fångat i det inre kommer temperaturen inte att stiga mycket över vattnets kokpunkt. Därför kommer inte det inre att dehydreras eller få samma konsistens som skorpan. Nära ytan, några millimeter in, kommer vatten att fortsätta att förångas. När man tar upp potatisen kommer oljan, som fungerar som ett skyddande skikt, och håller kvar vattnet, att försvinna. När temperaturen sjunker och ångan kondenserar kommer vi att få ett undertryck vid ytan som gör att oljan sugs in i potatisen. Tunna skivor av potatis, friteras tills inget vatten återstår.

En kock som vill minska mängden olja som tas upp av potatisen, skakar bort oljan. Alternativt lägger han potatisen på hushållspapper så fort den tagits upp från oljebadet.

40. Virvlar i en kaffekopp

Rör med en sked försiktigt i en kopp svart kaffe och ta bort skeden. Medan kaffet roterar i koppen häll försiktigt i kall mjölk i mitten. Varför bildas en fördjupning i mitten? Varför bildas inte fördjupningen om mjölken är varm?

Svar

Förutom rotationen så finns även mindre virvlar i koppen. Då den kalla mjölken har en större densitet än kaffet sjunker den ner längs rotationens centrum varvid den drar den med sig de mindre virvlarna. Detta gör att rotationshastigheten vid centrum ökar genom att alla virvlarna samlas. Ytan blir då konkav, eller fördjupad, något som sker för alla vätskor som roterar men som är extra tydligt här.

41. Teblad i en kopp

När Du rör i en kopp te med teblad på botten och tar upp skeden samlas tebladen i centrum av koppen. Just innan dom når centrum, samlas bladen i en ring innan dom rör sig inåt. Varför sker detta?

Svar

Albert Einstein gav en förklaring till detta fenomen. Rörelsen för tebladen avslöjar att det förekommer en cirkulation i koppen. När man rör i teet kommer man att få en rotation runt en axel i centrum. Men friktionen mellan vattnet och botten av koppen gör att rörelsen där bromsas upp, och inte rör sig lika fort som vattnet vid ytan. Med andra ord så kommer tebladen att röra sig ut från centrum att vara svagare vid botten. Detta gör att vi kommer att få ett sekundärt flöde. Medan vattnet snurrar runt centrum kommer det att röra sig utåt, ned längs med väggen sedan från väggen längs botten till centrum och upp till ytan igen. Flödet längs botten drar med sig tebladen till centrum för att lämna dom där.

Det Einstein inte observerade var att tebladen först bildar en ring innan dom dras in mot centrum. Teblad utanför ringen dras mot centrum på grund av flödet inåt och teblad innanför dras ut av rotationen. När rotationen avtar kommer radien på ringen att minska vilket gör att tebladen dras in mot centrum och stannar där.

Om teet istället placeras på en roterande platta (skivspelare) kommer rotationen att starta från botten, där friktionen mellan teet och botten sätter teet i rörelse. Här kommer då rotationen att röra sig sakta mot ytan, det vill säga att teet i botten har en tendens att röra sig utåt, medan det vid ytan inte har det. Det sekundära flödet kommer då att gå från centrum av koppen, röra sig utåt till väggen, upp och längs ytan till centrum och ned igen, det vill säga motsatt riktning som när man rör med en sked. Här kommer nu tebladen att samlas vid väggen på koppen.

42. Höra när glaset är fullt

När man häller i vatten eller en annan vätska i ett högt glas eller en flaska hör man att ljudet får högre och högre frekvens när det fylls. Varför sker detta?

Svar

Luften i ett glas eller en flaska, mellan öppningen och vätskeytan, bildar en öppen pipa, d.v.s. ett rör med en öppen ända. Ljudet som uppstår när man häller i vätskan, kommer att innehålla alla frekvenser, men bara några av dom kommer att förstärkas resonant. Ljudet som man hör kommer att till största delen bestå av grundfrekvensen. Resonansfrekvensen kommer att vara beroende av inversen på längden av luftkolumnen. Så när vätskan fylls på kommer längden minska och resonansfrekvensen kommer att öka. Man hör då när glaset eller flaskan är nästan full. Detta är en mycket förenklad beskrivning, då man egentligen måste se till volymen, öppningen och formen. Man talar då istället om Helmholtzresonanser.

43. Tekanneeffekten

En korrekt designad pip på en tekanna gör det möjligt att hälla utan att spilla. En dåligt designad pip uppvisar en "tekanneeffekt", där vätskan inte flödar ut fritt utan rinner ned längs med pipen innan den släpper från väggen. Även om inte vätskan rinner längs med undersidan av pipen, kan strålen böjas av mot tekannan. Vad är det som orsakar "tekanneeffekten"?

Svar

Om man häller ut vattnet snabbt, kommer det att följa samma rörelse som ett fast föremål som kommer ur pipen. Effekten uppstår när flödet ur pipen är långsammare. När vattnet rör sig kommer det att ge upphov till en tryckskillnad i pipen, vilket gör att vattnet pressas ner mot pipens undre läpp. Detta gör att vätskan kan följa med pipläppens rundning innan den lossnar. Om vattnet rinner ännu långsammare, kan det följa med rundningen så långt att den fäster sig vid pipens undersida, genom ytspänningen. Det är dock inte ytspänningen som är huvudorsaken till att vätskan häftar vid pipens undersida utan tryckskillnaden som uppstår genom flödet. Ett sätt för att undvika detta är att ha ett litet hål i pipläppen, vilket balanserar ut tryckskillnaden och gör att vattnet inte häftar vid.

44. Ketchupeffekt

Varför rinner ketchup lättare ut om man skakar flaskan först?

Svar

En av egenskaperna som bestämmer hur vätskor rinner, är viskositet. Hög viskositet gör en vätska svår att hälla ut som t. ex. kall sirap. Vatten har en låg viskositet och rinner lättare. För många vätskor beror viskositeten enbart på temperaturen. Dessa kallas för Newtonska vätskor. Det finns en annan typ av vätskor där viskositeten beror på hur den flödar eller rör sig. Dessa kallas för icke-Newtonska vätskor. Ketchup är ett exempel. Om man låter ketchupen stå i vila kommer viskositeten att öka, vilket gör det svårt att få ut något ur flaskan. Men om man skakar flaskan under några sekunder kommer viskositeten att minska drastiskt. Processen med att skaka flaskan gör att olika delar av vätskan kommer att glida över varandra och bryter upp bindningar mellan molekylerna i vätskan. Vätskor där viskositeten minskar vid rörelse kallas tixotropisk.

45. Droppar som skvätter

Vad händer med en droppe vatten, när den träffar en horisontell yta, som till exempel en vattenpöl? Varför skvätter vissa droppar, d.v.s. kastar upp delar av sig själv uppåt, medan andra inte gör det?

Svar

Vad som händer beror på omständigheterna. Om vi har en fast yta kan en vattendroppe: skvätta, spridas ut över ytan utan att skvätta eller först studsa och sedan skvätta eller spridas ut. Skvättningen sker på så sätt att doppen bilder ett tunt lager med en "krona", d.v.s. en upphöjd kant, som troligtvis kommer att kasta ut små droppar när den stiger. De små dropparna bildas på grund av att kanten blir instabil när den utgående rörelsen bromsas upp. Av de vågor som då bildas längs kanten kommer en att dominera och i sina maximipunkter kommer små droppar att kunna kastas ut. Våglängden på den dominanta vågen kan approximativt bestämmas genom att dela omkretsen på mönstret med antalet toppar i mönstret.

Faller droppen på en vattenyta kan följande inträffa: den skvätter, den förenas med ytan eller den flyter på ytan. Faller droppen en kort sträcka är det möjligt att den kan flyta, detta beror på repulsiva elektriska krafter eller att det bildas ett skikt med luft mellan droppen och vattenytan. Är fallet längre kommer droppen att orsaka en halvsfärisk krater i ytan, och på samma sätt som med en fast yta bilda en "krona" runt kraterns kant. När kronan minskar kommer vattnet att rusa tillbaka för att fylla kratern. Detta snabba tillbakaflöde kommer att tvinga upp vattnet i en stråle i mitten av kratern, som kan dela upp sig i flera små droppar. I vissa fall kan kronan sluta sig och bilda en dom. Då kommer en central stråle inte vara synlig.

Om en droppe träffar ytan utan att bilda en krona, produceras istället en nedåtriktad virvel i form av en toroid, frityrmunk. Vattnet rör sig ner i mitten och upp på utsidan. Den centrala strålen blir som tydligast om man har ett tunt lager med vatten, då det fasta underlaget gör att övergången från krona till stråle blir extra tydlig. De högsta centrala strålarna får man när vattendjupet är lika stort som radien på kratern.

46. Bubblor 1

Varför bildas bubblor när man öppnar en flaska eller burk med öl, champagne eller en kolsyrad dryck?

Svar

Gemensamt för dessa drycker är att de innehåller koldioxid som är löst under tryck. Trycket i behållaren (flaskan, burken) kan vara upp till sex gånger normalt atmosfäriskt tryck. Både vätskan och den gasficka som finns i burken har detta tryck. När man öppnar behållaren kommer gasen i fickan att hastigt strömma ut och minskar trycket som medför att koldioxiden inte kan hållas i vätskan längre utan kommer ut ur vätskan antingen genom ytan (om möjligt) eller genom att bilda bubblor.

47. Bubblor 2

När bubblor bildas i öppnad flaska, sker detta främst vid väggen och inte ute i själva vätskan. Vad beror detta på?

Svar

I allmänhet gäller att bubblor bara kan bildas och växa om de överstiger en viss kritisk storlek. En liten bubbla har en kraftigt krökt yta och en liten krökningsradie. Växelverkan mellan vattenmolekylerna längs ytan (ytspänningen) tenderar då att dra ihop bubblan medan det inre trycket försöker att expandera den. Är bubblan större kommer ytkraften att vara svagare och kan inte hålla emot expansionen. Det är osannolikt att bubblor över den kritiska storleken kan bildas spontant i vätskan. De kan inte växa eller plötsligt uppstå. Bubblorna bildas då företrädesvis vid väggarna eller vid botten av behållaren. Fasta partiklar i vätskan fungerar även som groddar. Den vanligaste förklaringen är att små repor i glaset tjänar som ställen där små bubblor kan bildas. I en repa kan dessutom lite luft fångas och tjänar då som en start för att en bubbla kan växa till. Detta gör att bubblan kan växa tills den blir så stor att den släpper från väggen och stiger. Lite gas hålls dock kvar och fungerar som kärna för en ny bubbla. Det behöver dock inte vara repor som startar bubblorna, utan bubblorna kan också bildas vid t. ex. cellulosafibrer från handdukar eller papper som fastat när man torkat glaset. Om man öppnar en burk med kolsyrad dryck kommer det mesta av bubbelproduktionen att ske på den metallflik som böjs ned i burken vid själva öppnandet. Använd en ficklampa och titta in i burken. Orsaken är material som sitter på metallen. Torkar man av burken med papper kommer även cellulosafibrer att ge upphov till bubblor.

48. Bubblor 3

Observerar man bubblor som stiger i en vätska så ser man att dom växer i storlek allteftersom de stiger. Speciellt i champagne kan man se att bubblorna följer efter varandra. Vad orsakar dessa effekter?

Svar

När bubblorna stiger sker två processer. Dels minskar trycket vilket ger en expansion, men framför allt går mer koldioxid in i bubblorna vilket får dom att expandera. Att bubblorna ser ut att följa varandra beror på att de bildas på samma ställe och följer därmed samma väg upp. Rotera eller luta glaset och se vad som sker.

49. Bubblor 4

Jämför man bubblorna som bildas i öl och champagne, finner man att de stiger snabbare i champagne än i öl. Vad beror detta på?

Svar

När vi har bubblor som stiger i en vätska kan olika typer av molekyler fastna på bubblornas yta. Öl innehåller mer proteiner än champagne, vilket gör att en bubbla i öl får proteiner som fastnar på ytan och bromsar rörelsen mer än i champagne.

50. Bubblor 5

Om man vill kan man förstöra öl genom att hälla i is eller salt i ett nyupphällt glas öl. Det kommer att produceras så mycket bubblor att vätskan kan rinna över. Varför sker detta?

Svar

Is innehåller oftast små luftbubblor som ligger infrusna och kan tjäna som startpunkter för att producera bubblor. I fallet med salt så är anledningen annorlunda. Salt har den effekten att det minskar lösligheten för koldioxid i vatten. Då man tillsätter salt sker således en kraftig produktion av bubblor.

51. Bubblor 6

Om man skakar en flaska eller burk med kolsyrad dryck, kan innehållet spruta ut när man öppnar den. Vad är det som gör detta? Om man slår lätt på sidan av burken, fem, sex gånger, kan man undvika att innehållet sprutar ut. Varför?

Svar

När man skakar burken så kommer gasen, som normalt finns överst, att blandas i vätskan i form av små bubblor. När burken öppnas och trycket minskar så kommer koldioxiden att gå in i dessa bubblor som då växer så snabbt att dom trycker vätskan ur burken. För att undvika detta kan man låta burken stå en stund så att bubblorna hinner stiga. Genom att slå lätt på sidan släpper de bubblor som sitter fast på väggen. Även bubblorna i vätskan stiger lättare.

52.. Såpbubblor

Vad är det som gör att det är möjligt att tillverka såpbubblor? Varför behövs tvål eller diskmedel? För att få starka såpbubblor så kan man tillsätta olika kemikalier, exempelvis glycerin. Vad gör att dessa bubblor är mer hållbara?

Svar

En såpbubbla består av ett tunt skikt av vatten. På vardera ytan sitter tvålmolekyler. Dessa består av en sida som dras till vatten (hydrofil) och en som skyr vatten (hydrofob). Den hydrofoba sidan sticker ut från ytan. Det som håller ihop bubblan är ytspänningen. Rent vatten har för stor ytspänning för att det skall kunna bildas en bubbla. Tvålen minskar ytspänningen vilket medför att det kan skapas en bubbla. Gravitationen gör att vattnen samlas i botten av bubblan. Detta gör att skiktet överst blir tunnare, men förtunningen bromsas eller stoppas helt genom repulsionen mellan "tvål-molekylerna" på insidan och utsidan. Men hinnan är så tunn att den kan brista på grund av olika saker, förångning, luftströmmar eller diffusion. Inblandat glycerin bromsar upp ansamlingen av vatten i botten genom sin höga viskositet, blandningen blir mer trögflytande. Dessutom minskar förångningen av vatten från bubblan.

53. Skummande öl

När man häller upp öl, kan man få ett skum som varar ganska länge, mycket längre än det skum som man kan få när man häller upp läsk. Varför sker detta och vad är orsaken till att skummet till slut försvinner?

Svar

På samma sätt som i en såpbubbla kommer vattnet att sakta dras mot botten i en individuell bubbla. Till slut kommer bubblan att bli så tunn att den brister. Men denna process kommer att bromsas av vissa molekyler som attraherar varandra och vatten. I läsk finns inte dessa stabilisatorer då ett skum där inte är önskvärt. Men ölskum kan försvinna omedelbart om olja/fett tillsätts. Detta kan observeras när någon äter fet mat eller har läppstift under öldrickande. Fettet minskar ytspänningen där det träffar bubblan och bubblan slits omedelbart isär av den omgivande vätskan.

Förtunningen av bubblornas väggar sker även genom att vätskan dras in mot de övergångar där flera bubblor möts, Plateauregioner. Ytspänningen, som ger vätsketrycket i bubblornas väggar, beror på krökningen på dessa övergångar. Detta gör att vätskan i väggarna dras mot Plateauregionerna. Detta åstadkommer en övergång från "vått" skum till "torrt" skum.

Proteinerna i ölet kommer att samlas i väggarna på bubblorna och stabiliserar skummet på två sätt: Viskositeten ökar, vilket bromsar dränaget medan proteinerna även hindrar inner- och ytterväggarna att komma för nära varandra. Hinnan blir då inte så tunn att den brister så lätt.

Även om bubbelväggarna är stabila, kommer ölskummet att förändras därför att koldioxid kommer att diffundera genom väggarna. Som ett resultat av detta kommer bubblorna i toppen av skummet att förlora sin gas och krymper. Desto mindre en bubbla är desto snabbare kommer den att krympa då trycket i de små bubblorna är större och diffusionen ökar. Detta gör att stora bubblor blir större på bekostnad av dom små.

Ett sätt att minska diffusionen är att ersätta koldioxiden med kvävgas. Kväve diffunderar långsammare genom väggarna. Men då skummet i kvävgasdopat öl är mer stabilt, krävs det en speciell teknik för att hälla upp det utan att glaset svämmar över av skum.

Man kan även minska diffusionen genom att kyla glasen. Då kommer skummet, som bildas vid väggarna, att innehålla kallare gas när det når toppen av skummet. Den lägre temperaturen minskar diffusionen vilket gör att skummet varar längre.

Man kan ibland se att toppen av skummet plötsligt kan minska snabbt, en kaskad. Bubblorna i toppen har då torkat ut och blivit mycket instabila. När en av bubblorna brister, kommer det att bildas en chockvåg som gör att andra bubblor brister i en kedjereaktion.

54. "Brandy's tears"

Har man ett glas med en alkoholhaltig dryck, såsom konjak eller stark likör, kan man observera att det bildas "draperier" eller tårar när man på olika sätt lutar glaset och rätar upp det igen. Detta fenomen sägs vara ett mått på dryckens kvalitet. Hur uppstår tårarna?

Svar

I normala fall kommer en vattenyta att klättra uppför glasets vägg. Detta beror på att molekylerna, som bygger upp glaset och vattenmolekylerna attraherar varandra men också för att vattenmolekylerna attraherar varandra. Vattnet fäster till ytan och drar med sig mer vatten, så att vi får en krökt yta av vatten som klättrar upp längs väggen. I fallet med konjak, likör eller starkt vin, klättrar denna film högre upp på grund av att ytspänningen är större i filmen än i vätskan som helhet. Detta beror på att ytspänningen i vatten-alkoholblandningen är mindre än i rent vatten. När alkohol-vatten-blandningen klättrar upp längs glasets väggar kommer alkoholen att förångas, vilket gör att filmen på väggen är nästan rent vatten. den ökade ytspänningen gör att mer vätska dras upp längs väggen, och det blir lättare för filmen att klättra högre genom attraktionen till glaset. Detta medför att filmen kan klättra ännu högre än i fallet med rent vatten. Detta inträffar om en blandning av vatten och alkohol har den rätta balansen i ytspänning mellan vätskan som helhet och i filmen.

55. Tia Maria

Det finns ett antal likörer som bör serveras på ett speciellt sätt. Till dessa hör Tia Maria som oftast serveras med ett tunt skikt av grädde på toppen (några millimeter) och dricks genom ett sugrör. Om man låter likören stå några minuter kommer det att synas en kraftig rörelse vid ytan och det kommer att bildas strukturer i form av celler eller masklikande mönster. Vad är orsaken till detta?

Svar

I en eller flera delar av grädden, kommer alkohol att diffundera sakta genom grädden. Detta får till följd att ytspänningen minskar. Alkohol-gräddblandningen kommer att spridas ut in i regioner med grädde. Mer alkohol stiger för att ersätta den som sprids ut och så vidare. Närvaron av grädde ger en cirkulation i mönster av stigande och sjunkande vätskor som kan bilda enskilda celler eller maskliknande mönster där gräddlagret är tunt.

56. Kaffe med mönster

Kaffe kan, om man observerar det noga, uppvisa speciella effekter. En av dessa kan ses om man placerar en kopp varmt kaffe i solljus, eller annat stark ljus, under en spetsig vinkel. Det är då möjligt att se mönster i ytan, ljusare regioner som omges av mörka linjer som ständigt ändrar form. Dessa mönster kallas för Bernardceller efter en av dom första forskare som studerade detta fenomen noga. Men vad är det som gör att detta fenomen uppstår?

Svar

När vatten förångas från ytan blir denna lite kallare och därför tyngre. Temperaturskillnaden (och densitetsskillnaden) mellan det översta lagret och de undre lagren ger upphov till en cirkulation. Tänk dig ett litet paket med kaffe vid botten av koppen. Den har samma temperatur och densitet som de omgivande paketen och tenderar att stanna kvar på sin plats. Men en liten störning kan göra att paketet stiger och hamnar i en kallare och tätare omgivning. Detta gör att det kommer att accelerera uppåt, snabbare då det hela tiden kommer in i kallare och tätare omgivningar. Detta gör att effekten av störningen förstärks. Samma effekt, men i motsatt riktning, sker med ett paket som startar vid ytan. Då kaffet har en öppen yta kommer ytspänningen att påverka rörelsen i ytan. När kaffet på ytan kallnar minskar ytspänningen lite. Detta gör att vi får en skillnad i ytspänning mellan områden där kallt kaffe sjunker och varmt stiger, vilket åstadkommer en rörelse från kallare områden till varmare. Vi kommer även att få en svag, men tydlig höjdskillnad, på grund av skillnaden i ytspänning, där de varma områdena bildar dalar och kalla åsar, något som ser ut som celler.

När varmt kaffe når ytan kommer en del av det varma vattnet att förångas, men kan, beroende på luftfuktigheten, kondenseras i form av droppar alldeles ovanför de varma cellerna på ytan. Stora droppar faller ner och de allra minsta förs bort av luftströmmar. De som har rätt storlek kommer att sväva över de varma regionerna, p.g.a. den varma luften som stiger där. Om man belyser dessa droppar kommer de att sprida vitt ljus och man ser detta som en svag vit dimma. De kalla regionerna saknar dessa droppar och ser därför mörka ut. Det är möjligt att få bort denna dimma genom att hålla ett elektriskt laddat objekt, som en just använd plastkam, över koppen. Då försvinner den vita dimman och kaffet ser mörkt ut.

57. Olja med mönster

Om man värmer en panna med ett lager av olja över en svag låga, observerar man ingen rörelse i oljan. Om man gradvis ökar flamman kommer oljan att börja röra sig och det bildas Bernardceller som i föregående fenomen. Dessa kommer initialt att vara i form av polygoner. Ökar man lågan ytterligare kommer polygonerna att övergå till hexagoner som cellerna i en bikupa. Varför sker detta?

Svar

Man får ett liknande cirkulationsmönster i olja som i en kaffekopp. Skillnaden är att oljan värms upp från botten, men det som betyder något är att man får en temperaturskillnad mellan topp och botten. Om temperaturskillnaden överstiger en kritisk nivå, blir konvektionen instabil med avseende på slumpartade störningar. Störningarna kan förflytta delar av vätskan på olika sätt. Lyftkraften och ytspänningen ger upphov till celler av stigande och fallande vätskepaket. Hur mönstren ser ut beror på de vätskor man använder. Polygonerna som man ser i olja består av breda regioner av varm olja som stiger och smala regioner av kall olja som sjunker. På samma sätt som för kaffe har kall olja större ytspänning än varm, och därmed dras från stigande till fallande regioner.

58. Äggkokare

Elektriska äggkokare har blivit ganska populära. När man tittar närmare på den mängd vatten som man har i dom så skall man ha mindre vatten i när man skall koka fler ägg. Varför?

Svar

Det som avgör hur äggen kokas är tiden. Då det finns ett hål i locket på äggkokaren så kommer hela tiden en viss mängd vatten att försvinna. Ångan från vattnet som kokar kommer att kondenseras på äggen och därigenom värma upp dom. Samtidigt kommer detta vatten att rinna ner och kokas upp igen. Har vi många ägg kommer denna process att blir mer effektiv, och en mindre andel kommer att försvinna. Detta gör att det tar längre tid för vattnet att försvinna och att det därför behövs mindre vatten för att koka fler ägg.

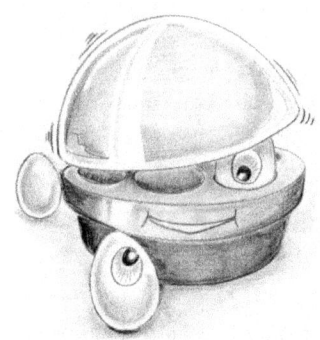

59. Kaffefläckar

När man spiller kaffe på ett fast underlag och låter det avdunsta, kommer det att bildas en distinkt ring som markerar fläckens ursprungliga storlek. Detsamma ser man om man låter saltvatten avdunsta. Varför sker detta?

Svar

Spiller man kaffe på ett fast underlag, minskar volymen av kaffet när det förlorar vatten. Fläckens gräns ligger stilla, p.g.a. imperfektioner i ytan. Förångningen kan gå snabbt i det tunnare lagret som finns vid gränsen av fläcken, vilken gör att mer av de lösta ämnena ansamlas där. Då gränsen är fast kommer vätska att transporteras från de centrala delarna mot ytterkanten för att ersätta vätskan som förångas där. Detta gör att gränsen snabbt blir tydlig.

Ibland kan gränsen snabbt dra sig inåt när mängden vätska i fläcken minskat. Detta gör att det kan bildas en ny tydlig ring. Vi ser detta även då saltvatten avdunstar.

60. Kaffekoppens akustik

Häll varmt vatten i en kaffekopp och knacka lätt med knogen mot utsidan av koppen, Alternativt kan Du göra det med en sked på insidan, medan Du rör i koppen. Notera den frekvens som Du hör. Tillsätt sedan ett pulver, till exempel frystorkat kaffe, och knacka på koppen igen. Frekvensen är nu lägre men stiger till ursprungsfrekvensen på några minuter. Varför minskar frekvensen och varför ökar den sedan?

Svar

När Du knackar på koppen, börjar koppens väggar att svänga och skapar ljudvågor i vätskan. Några frekvenser i detta ljud kommer att resultera i en resonans i vätskan. Vågorna förstärks då och kan skapa en ganska stor våg. En del energi i vågen överförs till koppen och vidare till luften och utgör koppens resonansfrekvens. Frekvensen beror dels på vätskans höjd och dels på ljudhastigheten i den. Ljudhastigheten i sin tur beror på densiteten och kompressibiliteten hos vätskan. Större densitet ger högre ljudhastighet och ökad kompressibilitet ger lägre ljudhastighet.

När man tillsätter ett pulver till vätskan, kommer det att bildas bubblor på pulvret av luften som redan finns löst i vätskan. Bubblorna påverkar inte densiteten då de inte tar upp stor volym, men kompressibiliteten ökar, vilket gör att ljudhastigheten sjunker. Detta gör att resonansfrekvensen sjunker. Då bubblorna stiger upp till ytan, kommer de att brista. Detta gör att de bubblor som bildas kommer att försvinna med tiden och frekvensen stiger.

61. Flaskresonanser

När Du blåser över öppningen på en flaska så är det möjligt för dig att få fram ett ljud. Det är möjligt att variera tonen (frekvensen) genom att fylla flaskor med vatten till olika nivåer. Man kan då använda detta fenomen för att spela olika melodier. Vad är det som åstadkommer ljudet?

Svar

När Du blåser över öppningen på en flaska, skapas turbulens i luften. Denna turbulens består av tryckvariationer med olika frekvenser. En av dessa kommer att matcha resonansfrekvensen för flaskan vilket i sin tur ger en förstärkning av en frekvens så att en stark ljudvåg uppstår. Ett missförstånd i litteraturen är att frekvensen beror på luftpelarens längd. Det är snarare så att det är luftvolymen, som är avgörande. Detta kan bevisas genom att luta flaskan, vilket ändrar luftpelarens längd, men inte dess volym och samma frekvens hörs.

En del av vågen läcker ut ur flaskan som ljud. Man bör dock observera att detta inte ger samma resultat som i en enkel pipa. Skillnaden är att flaskan har en hals och att luften i halsen plus luften i den övriga volymen bildar vad man kallar en Helmholtzresonator. En given flaska, med en given luftmassa i halsen och en given luftvolym, kommer att svänga med en viss frekvens.

Om denna frekvens finns i den turbulens som skapas vid öppningen, kommer en kraftig ljudvåg att byggas upp. Om man ändrar luftvolymen, t. ex. tillsätter vatten, kommer frekvensen att ändras. Man bör även observera att situationen är mer komplicerad: blåser man hårt kan man inducera tvinga fram resonanser som har högre frekvenser än flaskans Helmholtzfrekvens.

62. Ljudlig spis

När det gäller mat är det inte bara smak och lukt som är viktiga, även utseendet spelar stor roll. Också ljudet när man äter är viktigt. Är det möjligt att använda den information som man får av hur maten låter? Till exempel, kan Du höra om ett äpple är moget eller en tortilla är färsk? Tillverkare lägger ibland ner stor möda på att få sina produkter att låta bra.

Svar

Chips, både potatis och tortilla, smakar bäst när de är krispiga. Men är det bara smaken som gör detta? Ett chips är ganska sprött och när det krossas mellan tänderna, så brister det i flera frakturer som går genom de gasfyllda cellerna. Detta ger upphov till ett ljud, som hörs tydligt. Men ljudet går inte bara genom luften när Du äter utan det leds även genom tänderna, käkarna och vidare till örat. Ett färskt chips är mycket sprött och ger ett ljud med frekvenser över 5000 Hz när det krossas. Ett chips som legat i luft har absorberat vatten och är inte längre lika sprött och ger därför inte ett lika distinkt ljud.

Ett moget äpple karakteriseras av en "mjölig" struktur, i motsats till ett omoget äpple. I ett omoget äpple innehåller de individuella cellerna vatten under tryck. När man biter i ett sådant äpple spricker cellerna vilket ger upphov till ett speciellt ljud. I ett moget äpple är cellväggarna mjukare, vilket gör att de kollapsar utan en explosion. Jämför detta med när man sticker hål i en spänd ballong jämfört med en mindre spänd ballong.

63.. "Snap, crackle, and pop"

Ett speciellt märke av frukostflingor, "Snap, crackle, and pop", består av rostade och puffade riskorn. När dessa läggs i mjölk, ger de upphov till ett speciellt poppande ljud, därav namnet. Men varför ger flingorna ifrån sig detta ljud?

Svar

Varje riskorn är sprött och med inneboende spänningar. Detta innebär att olika delar av kornet drar hårt i andra delar. När en del av riskornet blir blött, minskar hållfastheten och delar av kornet slits sönder. Dessa bristningar ger upphov till en ljudvåg, som vi hör som ett svagt ljud.

64. Förhindra frysning med vatten

I dag är det inte så vanligt längre att man konserverar frukt i glasburkar själv och förvarar dom svalt, i källare eller jordkällare. I vårt klimat kan det hända att temperaturen faller så att det är risk att innehållet i burkarna fryser och burkarna sprängs. Ett sätt att förhindra detta var att placera ett stort kar med vatten i källaren. Hur förhindras att burkarna fryser?

Svar

Det är möjligt att hindra temperaturen att falla under 0°C. När vatten börjar att frysa avges en stor mängd värmeenergi som gör att temperaturen i källaren hålls runt 0°C. Innehållet i burkarna har en lägre fryspunkt eftersom de är blandningar av olika vätskor och ofta innehåller socker. Det är först då hela karet med vatten är fruset som det är en risk för att innehållet i burkarna skall frysa, något som dock inte är sannolikt att inträffa under en natt.

65. Kolsyrade drycker i frysen 1

Man får tidigt lära sig att man inte skall placera glasflaskor med innehåll i frysen, speciellt inte kolsyrade drycker. De kan då sprängas. Men vad är det som gör att detta sker?

Svar

En kolsyrad dryck, som läsk eller öl, består till största delen av vatten. När vatten fryser expanderar det. Om en kolsyrad dryck blir så kall att den börjar frysa kommer vätskan att expandera, vilket vatten gör när det fryser. Detta ger då ett tryck utåt som spränger flaskan. Men fryspunkten för vatten är lägre, då det är under tryck och innehåller ämnen som sänker fryspunkten (speciellt alkohol). Dock håller normala frysskåp en så låg temperatur (-18° C) att flaskan kan sprängas.

66. Kolsyrade drycker i frysen 2

Om man snabbt vill kyla ner en flaska så kan man placera den i frysen om man kommer ihåg att ta ut den i tid. Men det kan då hända att den plötsligt fryser när den öppnas eller mycket kort tid därefter. Varför sker detta?

Svar

När man öppnar en kyld flaska faller trycket hastigt och koldioxid lämnar vätskan. Om vi antar att temperaturen ligger över fryspunkten under tryck, kommer fryspunkten att stiga, när vi öppnar flaskan. Den hamnar över den temperatur som flaskan med innehåll har och innehållet borde frysa till. Men för att is skall kunna bildas behövs något som isen kan börja växa på. Här kan bubblorna som bildas fungera som groddar för isen. Har man en genomskinlig flaska kan man se hur det fryser till vid ytan och sprider sig raskt nedåt. Det behöver dock inte frysa till direkt utan det kan dröja lite.

67. Kalla kolsyrade drycker

Om man har en kall flaska (men inte så kall att den fryser) med kolsyrad dryck, kan det bildas en tunn dimma vid öppningen och dessutom droppar, när man öppnar flaskan. Varför?

Svar

När man öppnar en kall kolsyrad flaska åtgår det energi för expansionen genom öppningen. Expansionen är så snabb att den enda tillgängliga energikällan som finns är den omgivande gasens termiska energi. Gasen förlorar därför energi och blir kallare. Detta i sin tur gör att vattenångan i luften kondenserar till vattendroppar, vilka bildar dimman som observeras.

68. Popcorn

Varför poppar popcorn? Vad är det som åstadkommer det speciella ljudet?

Svar

Popcorn tillverkas av en speciell typ av majs, som har den speciella egenskapen att explodera när den hettas upp. Majskornet är en sluten behållare som innehåller bland annat vatten och stärkelse. Hettar vi upp majskornet, förångas delar av vattnet men det mesta förblir i vätskefas. Då vätskan är innesluten i en behållare kommer trycket att stiga, och samtidigt höjs kokpunkten. När temperaturen stiger till runt 180°C är trycket omkring 8 atmosfärer, och skalet spricker. Trycket och kokpunkten faller. Detta gör att vattnet i kornet förångas så snabbt att vi får en explosion. Den smälta stärkelsen expanderar till flera gången volymen av majskornet. Det är denna plötsliga expansion som ger upphov till ljudet, poppet!

69. Äggröra

När man lagar äggröra ska man röra hela tiden samt ha låg värme. Varför är just detta viktigt?

Svar

Äggröra skall, om man följer det klassiska receptet, vara porös och krämig utan fasta gryn eller flak. Man blandar ägg och mjölk (eller grädde) i en tjockbottnad kastrull och värmer upp under konstant omröring. För att vara säker på att inte få för hög värme kan man använda sig av ett vattenbad. Anledningen till att man rör hela tiden är att nysta upp proteiner i ägget och för att bryta upp eventuella band som bildas under koaguleringen, samt att sprida ut uppvärmningen. Om man låter bli att röra kommer äggröran närmast botten att få för mycket värme och koagulerar för fort. Om kastrullen blir för varm medan proteinerna nystas upp, kommer de att förlora vattenmolekyler som sitter fast på dom. Detta resulterar i att vattnet skiljs av och bildar vattendroppar. Kokar man för länge förångas vattnet och äggröran blir torr och tråkig.

Om värmeöverföringen sker långsamt och omröringen hindrar bildandet av långa band (gryn), kommer man att få en krämig fuktig äggröra. Salt bör tillsättas strax innan man skall äta då saltet drar vatten från proteinerna.

70. Perkulatorbryggare

Perkulatorbryggare består i princip av en upp- och nedvänd tratt som vilar på botten av en kanna. Den håller upp en behållare (korg) med malt kaffe. Hur fungerar själva bryggandet?

Svar

Uppvärmningen gör att vatten förångas inne i trattens nedre del. Detta får till följd att en del vatten pressas upp genom tratten på grund av expansionen. Vattnet rinner över och hamnar i den övre korgen där det malda kaffet finns. Kaffet avger smak och annat på samma sätt som i en kaffebryggare, nybryggt kaffe rinner ner och processen kan upprepas till önskad styrka uppnås.

71. Kallnande kaffe

Antag att Du vill ha en kopp kaffe med mjölk, som Du vill dricka om en stund. Du vill att kaffet skall vara så varmt som möjligt när det är dags att dricka det. Skall Du hälla i mjölken direkt eller skall Du vänta med mjölken tills det är dags att dricka? Skall Du röra om i kaffet under tiden? Ska Du ha i en sked under tiden? Kommer en metallsked ha större inverkan än en plastsked? Kommer koppens färg att spela någon roll?

Svar

Det finns tre faktorer att ta hänsyn till: 1) Desto varmare kaffe, desto snabbare förlorar det värme. Om detta vore den enda faktorn skulle man tillsätta mjölken direkt, för att minska temperaturen och värmeförlusten. 2) Tillsättning av en volymenhet mjölk till en volymenhet kaffe ger en blandning med en temperatur mellan ingrediensernas temperaturer. Temperaturskillnaden blir större ju varmare kaffet är. Om detta var den viktigaste faktorn, är det bättre att vänta med att ha i mjölken. 3) Mjölken kommer troligen att minska förångningen och därför värmeförlusten.

Det har rapporterats att svart kaffe förlorar värme upp till 20% snabbare än kaffe med mjölk under normala förhållanden. Detta är troligen mer beroende på den tredje faktorn än förändring i emission av infrarött ljus. Om mjölken är kallare än rumstemperatur kommer kaffet att bli varmast om mjölken tillsätts direkt. Men om mjölken är varmare än rumstemperatur, blir situationen mycket mer komplicerad. Resultatet beror på hur länge Du vill vänta innan Du dricker kaffet. Generellt kan man säga att mjölken skall tillsättas direkt om Du vill ha varmt kaffe.

Genom att röra i koppen påskyndas förångningen genom att varmt kaffe förs upp till ytan. En metallsked kommer, till skillnad från en plastsked, att transportera upp värme så länge som den är i kaffet. Dessutom kommer det att krävas värme för att värma upp skeden. Färgen på koppar skiljer sig i det synliga området, men tittar vi på olika koppar i infrarött ljus ser kopparna lika ut. Färgen på koppen spelar alltså ingen roll. Har man ett lock, eller ett lager med vispad grädde, håller sig kaffet varmare längre då förångningen minskar och med den också värmeförlusten.

72. Kallt vatten

I varmt, torrt klimat, förvarar man vatten i porösa (oglaserade) lerkrukor, som placeras i skuggan, helst på en blåsig plats. Detta gör att man får tillgång till kallt vatten. Men vad är det som gör att vattnet blir kallt?

Svar

Genom förångning lämnar vattenmolekyler krukans yta och rör sig ut i den omgivande luften. Det går åt energi för att dessa molekyler skall kunna lämna ytan, det vill säga termisk energi övergår till kinetisk energi. Om detta sker i stillastående luft inträder en jämvikt, med lika många molekyler som lämnar respektive träffar ytan. Därför hålls temperaturen på vattnet konstant. Om det däremot blåser en svag vind, kommer vattenmolekylerna att föras bort och vattnet som helhet förlorar energi. Om denna process är snabb nog kommer temperaturen att falla då termisk energi inte hinner överföras genom andra processer. Om vatten förvaras i ett poröst lerkrus i skuggan kommer vatten att strömma ut till ytan där det förångas. Blåser det så kommer temperaturen på vattnet att falla betydligt. Samma effekt får man om man virar in en flaska i en fuktig handduk och placerar den på en skuggig blåsig plats. Detta är samma effekt som gör att man fryser efter ett bad om det blåser lite. Vattnet förångas och tar med sig termisk energi.

73. Citronbatteri

Ett batteri, som man enkelt kan göra själv, innehåller en citron. Man sticker in en galvaniserad spik i ena änden och ett kopparmynt i den andra. Potentialskillnaden (spänningen) mellan spiken och myntet är cirka en volt. Kopplar man flera citroner i serie är det möjligt att få en liten glödlampa eller diod att lysa, svagt. Hur producerar citronen elektrisk ström?

Svar

Atomerna i ett material har en tendens att ta upp eller lämna ifrån sig en elektron till atomer i ett annat material som är i kontakt med det förra. När en galvaniserad spik sticks in i en citron kommer zinken i spiken att ge ifrån sig elektroner och positiva zinkjoner bildas. En elektrisk spänning uppstår mellan spiken och citronen. Nära kopparmyntet kommer vätejoner (protoner) i citronsaften att ta upp elektroner och bli väteatomer. Även här kommer en elektrisk spänning att uppstå. Om man kopplar en ledning mellan spiken och myntet, kommer elektronerna som avges från zinkspiken att röra sig i ledningen till myntet och överföras till vätejonerna. På detta sätt kommer citronbatteriet att ge en elektrisk ström (flöde av elektroner) genom ledningen. Denna ström drivs av den potentialskillnad som finns mellan spiken och myntet (egentligen citronsaften nära myntet).

74. Metallsmak

Det finns fortfarande personer med amalgamfyllningar i tänderna. Om de skulle tugga på metallfolie, så kommer de att känna en tydlig metallsmak i munnen och en pirrande känsla i tänderna med fyllningar. Vad är det som orsakar detta?

Svar

På samma sätt som i citronbatteriet, kan en överföring av elektroner ske mellan aluminiumfolien och amalgamfyllningen, med saliv mellan metallerna. Kombinationen av aluminiumfolie, saliv och amalgam fungerar som ett batteri, och sänder en ström mellan delarna som vi upplever som en pirrande känsla.

75. Försvinnande folie

Det är vanligt att man täcker mat som sparas i kylskåpet med aluminiumfolie. Om maten ligger i en skål av rostfritt stål och om aluminiumfolien kommer i kontakt med maten så kan det sluta med att folien löses upp i maten där den är i kontakt med folien. Varför sker detta?

Svar

Om man har aluminiumfolie och rostfritt stål i kontakt inträffar en liknande process som i ett citronbatteri (nr 73). Aluminium, mat och stål bildar ett batteri och sänder ström mellan aluminiumfolien och stålbehållaren. När aluminiumfolien oxiderar, omvandlas aluminiumatomerna till joner. Dessa joner vandrar in i maten. För att undvika detta fenomen bör man använda plastfolie till behållare av rostfritt stål och aluminiumfolie till plastbehållare.

76. Koka ägg

Hönsägg varierar en del i storlek och därmed i koktid. Säg för enkelhets skull att det tar 10 minuter att få ett litet ägg (50 gram) hårdkokt. Hur lång tid tar det då att få ett stort ägg (75 gram) hårdkokt? Man skulle kunna gissa att det tar 15 minuter eftersom det väger 50% mer än det lilla ägget. Är det korrekt?

Svar

Värmen sprider sig från skalet in mot centrum av ägget, så koktiden bör öka på något sätt med äggets storlek representerad med ett avstånd R. Tiden är också omvänt proportionell mot värmeledningsförmågan normaliserad till densiteten och värmekapaciteten. Denna faktor kan vi dock anta vara densamma för de två äggen. Allt detta mynnar ut i att koktiden blir proportionell mot R^2. Det större ägget har 50% större massa än det mindre ägget och därmed 14 % större R. Koktiden blir då 31 % längre för det stora ägget, dvs 13 minuter.

77. Maränger

Maränger tillagas genom att äggvita vispas kraftigt tills den blir fast. I vissa kokböcker anges att man skall kunna hålla skålen upp och ner utan risk att äggvitan faller ur. Man kan blanda i sockret från början eller vänta tills äggvitan är fast. Om det kommer med lite äggula så får man inte önskvärt resultat. Varför? Varför blir äggvitan fast när den vispas och varför kan överdriven vispning förstöra marängen?

Svar

Äggvita består av olika typer av proteiner, som har en komplicerad tredimensionell struktur. En effekt av vispningen är att man delvis nystar upp dessa molekyler, genom att bryta vissa av bindningarna i molekylen. När bindningarna brutits kan de bindas på nya sätt. I vårt fall binds olika proteiner ihop och bildar en nätliknande struktur. Vispningen gör dessutom att man får in luft i blandningen, i detta fall små luftbubblor som fastnar i "proteinnätet".

Äggula förstör det hela genom att den är för tung och viskös för att binda tillräckligt med luft. Man vill ha så mycket luft som möjligt i en maräng, därför att luften expanderar när smeten sätts in i ugnen. Proteinnätet hinner att sträckas ut och man får spröda maränger.

Om man vispar för mycket kommer man att slå ut vatten som är bundet till proteinerna. Detta gör att proteinnätet blir mer styvt och kan inte expandera lika bra. Dessutom klarar nätet inte att hålla luft lika bra. Med ett styvt proteinnät kommer bara luftblåsorna att spricka och marängen kollapsar. En erfaren kock vet när det är dags att sluta vispa, d.v.s. när marängsmeten förlorar sitt skimmer och just börjar avge vatten.

Om man vispar äggvita i en kopparskål, kommer kopparatomer att tas upp av proteinerna. Detta gör att proteinerna då inte kan bindas till andra proteiner, vilket får till följd att det blir svårare att få ett för styvt proteinnät. Med andra ord det är lättare att få en perfekt marängsmet och fina maränger om man använder en kopparskål.

78. Bearnaisesås.

Bearnaisesås är svårt att tillaga och kan bli dålig även om kocken "gör rätt". Det är en varm blandning som består av vinäger, vin, äggula och smör. Såsen skall vara en slät blandning av ingredienserna, men förstörs om smöret separerar från de övriga ingredienserna, såsen skär sig. Varför skär sig såsen och vad gör att ingredienserna i normala fall hålls blandade?

Svar

Såsen kan betraktas utgående från två modeller. Den ena modellen är en kolloidal lösning, med halvfasta partiklar (fett) i en lösning av vatten och ättiksyra (vinäger). Den andra modellen är en emulsion, det vill säga en blandning av två olösliga vätskor, i det här fallet små droppar av fett i vatten.

I kolloidalmodellen, attraherar partiklarna varandra genom en svag kraft, van der Waals-kraften, som verkar mellan molekylerna. Dock har dropparna en negativ laddning på ytan, vilket gör att de också repellerar varandra. Denna effekt överväger vid låga temperaturer. När man värmer såsen får partiklarna större rörelseenergi, vilket gör att de kan överkomma repulsionen och börjar då att flockas. Om detta sker beror det på att laddningen på ytan inte är tillräcklig. Många kockar rekommenderar att man tillsätter citronjuice under kraftig vispning. Vispningen slår sönder fettet i små droppar igen och citronjuicen ger ytterligare laddning till droppames yta som gör att de hålls separerade.

Betraktar vi såsen som en emulsion, stabiliseras fettdropparna av lecitinmolekyler som finns på ytan. Varje lecitinmolekyl, som kommer från äggulan har en vattenbindande ända som är riktad ut i vattnet. Detta gör att varje fettdroppe har ett lager av vatten bundet runt sig. Det är detta vatten som gör att flockning hindras. Om flockning inträffar är orsaken att det inte finns tillräckligt med lecitin. Rekommendationen är att tillsätta mer äggula under kraftig vispning.

I praktiken kan tillsats av citronjuice eller äggula lösa problemet med flockning. Därför finns det inget svar på vilken modell som är rätt. En skicklig kock vet vilken lösning som skall användas då smak och utseende förstörs om man tar för mycket av en av dom. Det är viktigt att man inte har för hög temperatur, då det är orsaken till att såsen flockas.

79. Magnetiska flingor

Om Du håller en stark magnet över vissa typer av frukostflingor, kan de fastna på magneten. Varför?

Svar

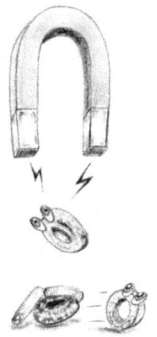

Dessa flingor har fått ett järntillskott i form av ett fint pulver. Man kan även hitta sedlar där man tillsatt järn i tryckfärgen för att kunna skilja ut äkta från falska sedlar.

80. Stärkelse

Vi får ungefär hälften av vårt energibehov från kolhydrater i maten. Nära 90 procent dessa utgörs av stärkelse. Majsmjöl är en typ av stärkelse som uppför sig mycket egendomligt. Häll små mängder vatten i majsmjöl (Maizena) samtidigt som Du knådar och rör om med händerna. Blandningen har rätt konsistens när Du kan rulla en boll av den. Du har då blandat i ungefär hälften så mycket vatten som Du har stärkelse (i volym). Så fort Du slutar rullningen kollapsar bollen och börjar flyta som en vätska! Hur kan det komma sig?

Svar

Stärkelse är en icke-Newtonsk vätska, d.v.s. viskositeten (tjockheten, motståndet mot rörelse) beror på flödeshastigheten (hur snabbt vätskan rör sig). Deformerar Du stärkelsen snabbt hinner den inte flyta med i rörelsen. Stärkelsekornen lägger sig på tvären och stärkelsen känns hård. Fenomenet studeras inom reologin, läran om flöden och deformationer hos material. Man söker förstå sambandet mellan krafter, deformation och tid hos material. Det finns icke-Newtonska vätskor (ketchup, schampo) som *minskar* sin viskositet med ökat flöde. Viskositetseffekterna beror på hur snabbt krafterna mellan molekylkedjorna reagerar, karakteriserat med en relaxationstid.

Innehåll.
1. Få ägget in i flaskan
2. Få ägget ut ur flaskan
3. Hur mycket socker?
4. Knåda deg
5. Mäta upp smör
6. Mjölk och grädde
7. Potatis och sugrör
8. Muffins
9. Burksoppa
10. Socker och salt
11. Tiningskärl
12. Snabbglass
13. Ugnsstek
14. Mat på kinesiska
15. Isvatten
16. Skala grönsaker
17. Sockerbit
18. Kokande vatten
19. Mer kokande vatten
20. Is i mikrovågsugn
21. Lysande gurka
22. Modern matlagning
23. Tevatten
24. Högljudd kokning
25. Sked i tekopp
26. Tekanna
27. Te med mjölk
28. Iskuber
29. Risk att frysa fast?
30. Kokande olja
31. Mjölk kokar när man vänder ryggen till!
32. Choklad
33. Honung
34. Eggande ägg
35. Klättrande vatten
36. Strömmande vatten i diskho
37. Frukostflingor med attraktion
38. Borstar, vått hår och doppade kakor
39. Friterade potatisar

40. Virvlar i en kaffekopp
41. Teblad i en kopp
42. Höra när glaset är fullt
43. Tekanneeffekten
44. Ketchup effekt
45. Droppar som skvätter
46. Bubblor 1
47. Bubblor 2
48. Bubblor 3
49. Bubblor 4
50. Bubblor 5
51. Bubblor 6
52. Såpbubblor
53. Skummande öl
54. "Brandy's tears"
55. Tia Maria
56. Kaffe med mönster
57. Olja med mönster
58. Äggkokare
59. Kaffefläckar
60. Kaffekoppens akustik
61. Flaskresonanser
62. Ljudlig spis
63. Snap, crackle, and pop
64. Förhindra frysning med vatten
65. Kolsyrade drycker i frysen 1
66. Kolsyrade drycker i frysen 2
67. Kalla kolsyrade drycker
68. Popcorn
69. Äggröra
70. Perkulatorbryggare
71. Kallnande kaffe
72. Kallt vatten
73. Citronbatteri
74. Metallsmak
75. Försvinnande folie
76. Koka ägg
77. Maränger
78. Bearnaisesåssås
79. Magnetiska flingor
80. Stärkelse

www.ingramcontent.com/pod-product-compliance
Lightning Source LLC
Chambersburg PA
CBHW050026230526
45470CB00003B/1142